生活发式的编织造型

职业教育美发专业 系列教材

图文视听一体
岗课赛证融通
校企合作共建

聂凤 主编

西南大学出版社
国家一级出版社 全国百佳图书出版单位

图书在版编目(CIP)数据

生活发式的编织造型 / 聂凤主编. -- 重庆：西南大学出版社, 2023.8
ISBN 978-7-5697-1398-5

Ⅰ. ①生… Ⅱ. ①聂… Ⅲ. ①发型－造型设计 Ⅳ. ①TS974.21

中国版本图书馆CIP数据核字(2022)第222593号

生活发式的编织造型

SHENGHUO FASHI DE BIANZHI ZAOXING

聂 凤 主编

总 策 划	杨 毅　杨景罡
执行策划	钟小族　路兰香
责任编辑	周明琼
责任校对	鲁 艺
整体设计	魏显锋
排　 版	李 燕
出版发行	西南大学出版社
	重庆·北碚　邮编：400715
印　 刷	重庆康豪彩印有限公司
幅面尺寸	185mm×260mm
印　 张	5.75
字　 数	113千字
版　 次	2023年11月　第1版
印　 次	2023年11月　第1次
书　 号	ISBN 978-7-5697-1398-5
定　 价	42.00元

本书如有印装质量问题，请与我社市场营销部联系更换。
市场营销部电话：(023)68868624　68367498

编委会

主　　任：孙玉伟

副主任：张　鹏　刘　靓

委　　员：闫桂春　廖亚军　古　毅
　　　　　李　强　田义华

主　　编：聂　凤

副主编：廖亚军

编　　委：刘江华　张　强　张　强　胡已雪
　　　　　胡已雪　聂　凤　廖亚军

教学参考资源

序言

美发是极具生命力和青春气息的现代服务业之一，因其为广大民众日常生活所需，逐渐成为新兴服务业中的优势行业。千姿百态的发型，或体现优雅高贵，或体现干练率性，美发师要创作出不同的发型，既要有丰富的想象力，也要掌握发式设计与造型的基本原理，具备扎实的操作技能。

在我国，职业学校(含技工学校)是培养美发专业人才的主要场所，国家专门制定了美发师国家职业技能标准，规范人才培养模式，提升人才专业技能。行业性的、国家性的、国际性的美发专业技能大赛开展得热火朝天，比赛中人才辈出。为更好推进美发行业高质量发展，大力提高美发从业人员的学历层次，培养具有良好职业道德和较强操作技能的高素质专业人才成为当务之急。有鉴于此，我们依据美发师国家职业技能标准，结合职业教育学生的学习特点，融合市场应用和各级技能大赛的标准编写了该套"职业教育美发专业系列教材"。

"职业教育美发专业系列教材"共6本，涉及职业教育美发专业基础课程和核心课程。《生活烫发》为烫发的基础教材，共5个模块18个任务，既介绍了烫发的发展历史、烫发工具、烫发产品的类别及使用等基础知识，又介绍了锡纸烫、纹理烫、螺旋卷烫等基本发型的操作要点。《头发的简单吹风与造型》是吹风造型的基础教材，由4个模块13个任务组成，依次介绍了吹风造型原理、吹风造型的必备工具和使用要点、吹风造型的手法和技巧以及内扣造型等5个典型女士头发吹风造型的关键操作步骤。《生活发式的编织造型》为头发编织造型的基础教材，共4个模块15个任务，除了介绍编织头发的主要工具和产品等基础知识，还介绍了二股辫、扭绳辫、蝴蝶辫等典型发型的编织方法。《商业烫发》《商业发型的修剪》《商业发式的辫盘造型》较前3本而言专业性更强，适合有一定专业基础的学生学习，可作为专业核心课程教材使用。

教材编写把握"提升技能，涵养素质"这一原则，采用"模块引领，任务驱动"的项目式体例，选取职业学校学生需要学习的典型发型和必须掌握的训练项目，还原实践场景，将团结协作精神、创新精神、工匠精神等核心素养融入其中。在每个模块中,明确提出学习目标并配有"模块习题",让学生带着明确的目标进行学习,在学习之后进行复习巩固;在每个任务中,以"任务描述""任务准备""相关知识""任务实施""任务评价"的形式引导学生在实例分解操作过程中领悟和掌握相关技能、技巧,为学生顺利上岗和尽快适应岗位要求储备技能和素养。

教材由校企联合开发,作者不仅为教学能手,还具有丰富的比赛经验、教练经验。其中,三位主编曾先后获得"第43届世界技能大赛美发项目金牌""国务院特殊津贴专家""全国青年岗位技术能手""全国技术能手""中国美发大师""全国技工院校首届教师职业能力大赛服务类一等奖"等荣誉,被评为"重庆市特级教师""重庆市技教名师""重庆市技工院校学科带头人、优秀教师""重庆英才•青年拔尖人才""重庆英才•技术技能领军人才",受邀担任世界技能大赛美发项目中国国家队专家教练组组长、教练等。教材编写力求创新,努力打造自己的优势和特色:

1. 注重实践能力培养。教材紧密结合岗位要求,将学生需要掌握的理论知识和操作技能通过案例的形式进行示范解读,注重培养学生的动手操作能力。

2. 岗课赛证融通。教材充分融入岗位技能要求、技能大赛要求,以及职业技能等级要求,满足职业院校教学需求,为学生更好就业做好铺垫。

3. 作者团队多元。编写团队由职业院校教学能手、行业专家、企业优秀技术人才组成,校企融合,充分发挥各自的优势,打造高质量教材。

4. 视频资源丰富。根据内容不同,教材配有相应的微课视频,方便老师授课和学生自学。

5. 图解操作,全彩色印制。将头发造型步骤分解,以精美图片配合文字的形式介绍发式造型的手法和技巧,生动地展示知识要点和操作细节,方便学生模仿和跟学。

本套教材的顺利出版得益于所有参编人员的辛劳付出和西南大学出版社的积极协调与沟通,在此向所有参与人员表达诚挚谢意。同时,教材编写难免有疏漏或不足之处,我们将在教材使用中进一步总结反思,不断修订完善,恳请各位读者不吝赐教。

目录 CONTENTS

模块一   **编发的基础知识**   /1
    任务一   初识编发的发展史   /3
    任务二   编发的认识   /7
    模块习题   /10

模块二   **编发工具、产品的认识及使用**   /13
    任务一   编发工具的认识及使用   /15
    任务二   编发产品的认识与运用   /19
    模块习题   /23

模块三   **头发的束扎造型**   /25
    任务一   顺直高马尾的束扎造型   /27
    任务二   卷曲低马尾的束扎造型   /33
    模块习题   /38

模块四   **头发的编织造型**   /41
    任务一   二股辫的编织造型   /43
    任务二   三股辫的编织造型   /47
    任务三   五股辫的编织造型   /52
    任务四   网辫的编织造型   /57
    任务五   扭绳辫的编织造型   /61
    任务六   鱼骨辫的编织造型   /66
    任务七   蝴蝶辫的编织造型   /70
    任务八   丝带辫的编织造型   /74
    任务九   铜钱辫的编织造型   /78
    模块习题   /83

模块一 编发的基础知识

学习目标

知识目标

1. 了解编发的起源和历史文化。
2. 了解编发的作用。
3. 掌握不同类型编发的特征。

技能目标

1. 认识编发的发展史,熟练地表述不同时期的辫子特征。
2. 能正确表述编发的作用及不同类型编发的特征。
3. 能根据不同的场合,正确使用编发类型。

素质目标

1. 具有良好的职业道德修养。
2. 具有良好的沟通能力,服务意识强,责任心强。
3. 培养自主探究精神,树立与时俱进思想。

任务一 初识编发的发展史

任务描述

小丽是影楼发型设计部的助理。她才开始接触编发,对于编发有着许多的好奇,如编发的起源、编发的历史文化等。为了解决困惑,她开始学习。

任务准备

1. 查询编发的由来。
2. 收集各阶段历史人物的编发资料。

相关知识

一、编发的起源

编发的历史源远流长。有两万多年历史的旧石器时代雕像——维伦多尔夫的维纳斯,其头上的编织物被普遍认为是编发。古埃及时期,因为尼罗河畔气候炎热,为了维持卫生,大部分人都会把身上的所有毛发剃掉,头发是身份的象征除外。埃及的贵族们都流行戴假发,其中辫子发型就是显贵的象征。古希腊和古罗马也流行编发,弗拉维娅·朱莉娅特别喜欢编发,尤其是麻花编发,成为那个时期女性贵族中的潮流,也是流传到今天为人所熟悉的希腊女神编发。

图 1-1-1　　　　　　　　　　图 1-1-2

二、编发的历史文化

编发在不同民族和文化中有不同的象征意义,既可以表现出一个人的社会阶级和宗教信仰,也可以向外界传达其婚姻状态,还可以展现出其所属的部族。

非洲各部族的人都有独特的编发。以纳米比亚的辛巴族为例,未婚女性编发多由自己的头发加上羊毛编制而成,再在头发上抹满以红石粉和牛油调拌而成的红泥,象征她们已经成熟,可以订婚,而已婚的女性就会在多辫子发型上配以羊皮头饰。

美洲部落也有编发的文化,玛雅人的编发是大而夸张的,阿兹特克人会在编发中加上色彩艳丽的布条。

欧洲中世纪流行的编发非常漂亮。编发是他们维持头发干净的方法之一,而且当时的文化是不允许女性把头发放下来的,头发散落外露会被视为不文明,所以有时候女性即使已编上漂亮的辫子,也要在头发上添加发饰,尽量把头发都遮盖住。

清代的辫子源自满族人民的习俗。满族人民的祖先靠着捕鱼、打猎维生,他们若是披头散发,不仅看不清猎物,还有可能因视线被遮挡而造成危险。因此清代满族的男子把靠前的部分头发剃掉,留下部分长发在脑后编成一条长辫,这样做起事来方便,也无乱发遮挡。清朝早、中、晚时期的辫子也有区别。

图 1-1-3

图 1-1-4

图 1-1-5

图 1-1-6

任务实施

1. 小组成员各自收集编发的起源、不同地区编发的历史文化等资料。
2. 小组成员对收集到的资料进行汇总、分析。
3. 小组讨论,派代表叙述各个时期的编发特征。

任务评价

任务评价卡

	评价内容	分数	自评	他评	教师点评
1	能对不同时期的编发图片进行分类	10			
2	能叙述各个时期的编发特征	10			
3	能收集3张不同时期的编发图片	10			
	综合评价				

任务二　编发的认识

任务描述

麦克是影楼发型设计部的总监,即将为新入职的员工培训编发,需要为培训工作准备资料。

任务准备

1. 收集3张不同类型编发的图片。
2. 自主学习编发的作用,并能叙述要点。
3. 能熟练地表述生活编发与时尚编发的区别。

相关知识

一、编发的作用

美发造型是塑造美、追求美、创造美的艺术。美发是通过剪、烫、染、编、盘等美发造型手法,重塑发型的形态,改变外观。随着人们审美观点的转变、文化层次的提高,以及对美的不断追求,发型美作为人体仪表美的重要组成部分,日渐受到人们的重视。大家对编发的关注日益增加,编辫子成为新的时尚。

编发可以暂时改变头发的外形、增加头发的体积、改变头发流向、修饰脸形、调整发型的不足。根据不同风格的服饰、特定的场合搭配不同的编发,能改变外观形象。

二、编发的种类

编发有成百上千种形态，使用较多的编发类型分为两类：生活编发及时尚编发。

生活编发容易梳理、款式简单、实用，往往体现简洁、大方、自然的设计。麻花辫、鱼骨辫、蜈蚣辫等都属于生活编发。

时尚编发款式烦琐夸张、纹理较多，往往体现交错、不对称的设计。中国结辫、脏辫等都属于时尚编发。比较耳熟能详的是脏辫。追赶街头文化、玩流行音乐的年轻人大多喜爱脏辫发型。脏辫起源于非洲，鉴于天气、地理条件，非洲居民在夏天没法频繁地洗头，所以就会将头发编成发辫，抵御炎热。在大航海时代，长期在海上漂泊的水手也同样面临洗头不便的问题，脏辫也顺理成章地渐渐成为那时期水手的发型。最好的例子就是著名的"加勒比海盗"就顶着一头脏辫。而现在脏辫成为时尚、酷炫、标新立异的代名词。

图 1-2-1 图 1-2-2

图 1-2-3 图 1-2-4

任务实施

1. 小组成员各自收集编发发型图片。
2. 小组成员自学编发的作用和编发的种类,并叙述要点。
3. 小组合作,进行角色扮演。
4. 小组派代表叙述不同类型编发的特征。

任务评价

任务评价卡

	评价内容	分数	自评	他评	教师点评
1	能叙述编发的作用	10			
2	能熟练地表述不同类型编发的特征	10			
3	能举例说明不同类型场合,适合的编发款式	10			
	综合评价				

模块习题

一、单项选择题

1. 我国发型艺术演变过程可分为四个阶段:启蒙阶段、髻发阶段、(　　)和现代发型发展阶段。

   A. 直发阶段　　B. 烫发阶段　　C. 发式革命阶段　　D. 盘发阶段

2. 发型必须与服装相搭配,才能取得人的整体的(　　)。

   A. 发型美　　B. 装饰美　　C. 柔美　　D. 和谐美

3. 在发式造型中,(　　)具有突出和强调发型的风采,烘托整体风韵的作用。

   A. 服装　　B. 色彩　　C. 饰品　　D. 质料

4. 发型设计的目的之一是要利用巧妙的(　　)安排,克服头型的缺陷。

   A. 外形轮廓　　B. 层次高低　　C. 纹理流向　　D. 发型

5. (　　)是设计造型作品形式美的总法则。

   A. 统一与变化　　B. 和谐与对称　　C. 比例与均衡　　D. 和谐与比例

6. 发型设计的思维过程是(　　)。

   A. 逻辑思维+判断思维　　　　B. 逻辑思维+抽象思维

   C. 概念思维+联想想象　　　　D. 逻辑思维+联想想象

7. 在发型设计的思维过程中,形象思维上升为形象概念,即形成发型的(　　)形状。

   A. 块面　　B. 轮廓　　C. 线条　　D. 层次

8. 发式造型是通过发型的设计与制作达到整体美的效果,在这一过程中,特别要注意(　　)。

   A. 先进工具和设备的使用　　　　B. 发型制作方法

   C. 发型设计的原则　　　　　　　D. 绘制发型效果图

二、判断题

1. 辫子是18世纪才开始流行的。（　　）
2. 在不同民族和文化中，编发也有不同的象征意义。（　　）
3. 脏辫起源于非洲。（　　）
4. "公平原则""职业的诚信""职业活动中的协作、团队精神""忠于职守"等职业道德规范是超越国界的。（　　）
5. 热爱本职工作，不但要做到诚实守信、爱岗敬业、守职尽责，而且也要注重工作收入。（　　）
6. 从业人员良好职业道德品质的养成不仅需要外在的规范和约束，更需要内在的道德自觉和自我培养。（　　）
7. 服务至诚、精益求精，管理规范、进取创新，是美发师的人品方针。（　　）
8. 产品质量、安全生产有相应的法律规定，因此不属于职业道德规范。（　　）
9. 在工作中要保持积极的态度，树立"顾客永远是对的"的理念。（　　）
10. 职业道德是精神文明建设的重要内容。（　　）
11. 职业道德是共产主义道德原则和道德规范在职业行为和职业关系中的具体表现。（　　）
12. 美发造型是塑造美的艺术。（　　）
13. 随着人们审美观点的转变、文化层次的提高，以及对美的不断追求，发型美作为人体仪表美的重要组成部分，日渐受到人们的重视。（　　）

三、综合运用题

请谈谈你对编发的认识。

模块二　编发工具、产品的认识及使用

学习目标

知识目标

1. 了解编发工具的种类和用途。
2. 了解编发产品的种类和用途。
3. 掌握编发工具的清洁和消毒方法。
4. 掌握编发产品的使用与存放方法。

技能目标

1. 能正确表述不同编发工具、产品的功能及用途。
2. 能根据不同的编发类型正确使用工具及产品。
3. 能选用正确的方式清洁、消毒编发工具。

素质目标

1. 具有良好的职业道德修养,执行美发师职业规范标准。
2. 具有良好的沟通能力,服务意识强,责任心强。
3. 培养自主探究精神,树立与时俱进思想。

任务一　编发工具的认识及使用

任务描述

小美是美发沙龙的助理,她需要对编发过程中所使用到的工具进行整理和清理。

任务准备

1. 查询编发所需工具。
2. 收集不同工具的作用及特征等相关资料。

相关知识

一、编发工具的种类及用途

美发师需要借助工具完成对头发的编发造型,编发工具的种类多样,而了解工具的使用方法、效果能让我们更快捷、高效、安全地为客户提供服务。编发主要使用的工具如下:

(1)尖尾梳(木头):用于分区、梳顺头发。

(2)包发梳:用于梳理头发表面,让头发出现光顺感,给人发量增加的感觉,倒梳时也可使用。

(3)无痕夹:用于固定发片和较小的发条,多用于手推波纹或玫瑰卷等造型中。

(4)平面鸭嘴夹:用于分区和暂时固定头发。

(5) 钢卡:用于长时间固定头发。

(6) U形夹:用于处理发型束状感,暂时固定较高的头发,衔接头发及固定发尾。

(7) 橡皮筋:固定收拢发束。

图2-1-1

图2-1-2

二、工具的清理

美发厅温度高、湿度大,人员流动性大,这些因素都有利于病原体传播,所以工具的清理消毒工作非常重要。

1. 工具的卫生

美发工具、用品应摆放整齐,并按规定清洗、消毒、存放,做到一客一用,一客一换。工具应摆放在专用的工具台、物品柜上。操作过程中必须保持操作工位的干净整洁,以及用品、工具的整齐。尖锐的美发工具应存放在密闭的容器中,废弃工具应存放在有特殊标识的密闭容器中。

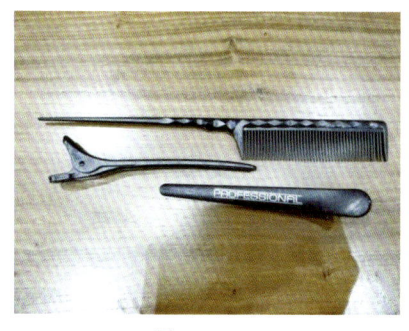

图 2-1-3

图 2-1-4

2. 工具的消毒

美发工具可用酒精消毒,先将美发工具清理干净,再用浓度75%的酒精擦拭即可。消毒液消毒适用于镜面擦拭、地面擦拭、用具擦拭及梳子消毒等,即将消毒液按一定比例稀释,再把清洗干净的用品放在消毒液中浸泡15分钟,取出后用清水冲洗干净,晒干即可。

图 2-1-5

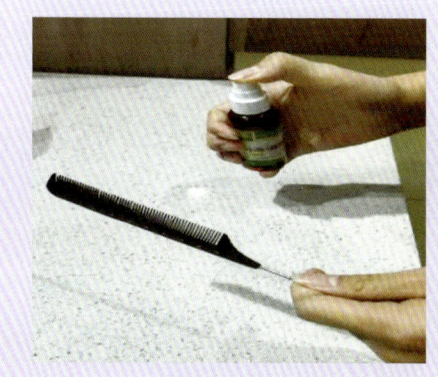

图 2-1-6

任务实施

1. 准备编发所需的工具。

2. 小组学习,了解各种编发工具的名称、用途,分别派代表叙述不同工具的使用方法及作用。

3. 对编发工具进行清洗、消毒、分类,并摆放整齐。

生活发式的编织造型

任务评价

任务评价卡

	评价内容	分数	自评	他评	教师点评
1	能叙述不同编发工具的使用方法及效果	10			
2	能判断编发工具卫生达标的标准	10			
3	能选用正确的方法对工具进行清洗、消毒	10			
	综合评价				

任务二　编发产品的认识与运用

任务描述

小美是美发沙龙的助理,她需要辅助造型师准备编发过程中需使用的美发产品。

任务准备

1. 查询编发所需产品。
2. 收集产品的使用方法及作用等相关资料。

相关知识

一、编发产品的种类及作用

在生活中,每个人头发的质地不同,有的分叉易断,有的干燥,有的头屑过多,有的油腻等。一名合格的美发师应正确地使用美发产品,为顾客推荐适合的美发产品。在发型编织过程中,好的产品会增加头发的光泽度、牢固程度,对顾客健康无害,对头发起到很好的养护作用。编发主要使用的产品如下:

(1)发乳:乳状,白色,富含水分,油质少,便于头发造型,增加头发的水分和光泽,减少头发油腻感。

(2)发泥:具有黏度,若头发在一定柔软度的情况下,有助于美发师打造出自然干燥的纹理。

(3)发蜡:膏状,有一定黏度,油性较大,色泽不一,具有芬芳香味,适用于头发造型,能使头发油滑,保持亮丽。

(4)发油:液体状,无色,具有一定芬芳香味。主要用于增加头发的油性,保持头发的亮丽。

(5)摩丝:白色,泡沫状,具有一定芬芳香味。增加头发的湿度,保持头发的亮丽,用于局部造型,起固发作用。

(6)啫喱:膏状,透明,色泽不一,用于局部造型,起固发作用。

(7)发胶:种类多,有无色的、单色的、七彩的,硬度不一,起固发作用,便于局部造型。

图2-2-1

二、产品的使用与存放

美发项目繁多,工序较为复杂,必须借助相应的工具、设备和产品才能完成。鉴于工具和产品的特殊性,美发厅存在诸多安全隐患。大多数美发产品都属于化学品,如发胶、摩丝等,使用不当会对人体造成危害。美发师要熟知这类产品的潜在危害和预防措施。

1.产品的使用

美发师在使用任何美发产品前,必须先查看说明书。操作过程中,若美发产品外漏,要立即擦拭。

没有产品说明的美发产品,不可以随便混合。产品使用结束后,应立即盖上瓶盖,以免洒溅或发生化学反应,确保安全处理未用完的混合物和空瓶子。未使用完的产品须倒在专用的垃圾桶内,不可用水直接冲洗。

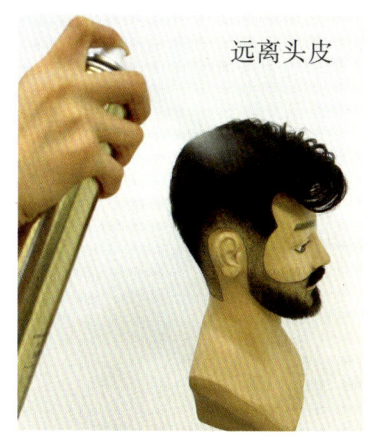

模块二　编发工具、产品的认识及使用

远离头皮

不能过近

图 2-2-2 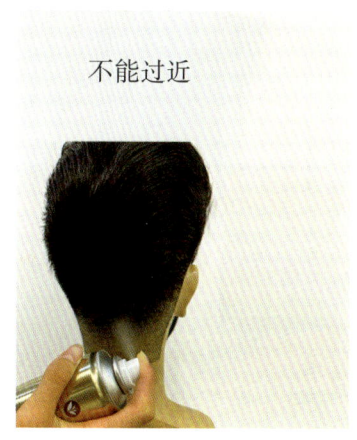　　　　　　　　图 2-2-3

2. 产品的存放

产品应存放在避光、低于或等于室温的干燥环境下。发胶、摩丝、啫喱等易燃，应在通风处使用，存放时远离火源和高温环境。

要有专人对产品存放处进行管理，根据不同功效对产品进行分区域存放。

图 2-2-4 　　　　　　　　图 2-2-5

任务实施

1. 准备编发所需的产品。
2. 小组学习，了解各种编发产品的种类及作用。
3. 各小组分别派代表叙述不同产品的效果及存放方法。

21

任务评价

任务评价卡

	评价内容	分数	自评	他评	教师点评
1	能正确判断产品的安全性	10			
2	能叙述不同产品的特征	10			
3	能熟练地表述产品的存放要求	10			
	综合评价				

模块习题

一、单项选择题

1. 固发用品是美发师为顾客做造型时所用的(　　)。
   A. 美发用品　　B. 定型剂　　C. 定型物　　D. 饰品

2. 美发用品的生产厂家,对生产的各种化学用品必须注明生产日期、保质期并应附有(　　)。
   A. 产品成分　　B. 产品配方　　C. 产品禁忌　　D. 使用说明书

3. 检查摩丝的质量时,应先看是否超过保质期,试用时看喷出的泡沫是否(　　),黏性及含水量是否适中。
   A. 色泽纯正　　B. 细腻丰富　　C. 香味纯正　　D. 脱水有杂质

4. 过敏症状的种类主要为呼吸道过敏、消化道过敏、(　　)。
   A. 鼻炎　　B. 过敏性哮喘　　C. 皮肤过敏　　D. 过敏性胃炎

5. 皮肤红肿、疼痛、搔痒属于(　　)过敏反应。
   A. 呼吸道　　B. 消化道　　C. 皮炎　　D. 皮肤

6. 发胶为水溶性配方的(　　)固发用品。
   A. 液体状　　B. 膏状　　C. 粉状　　D. 块状

7. (　　)是固体状的带有黏性的产品,对头发具有定型和调整发式纹理的作用。
   A. 发胶　　B. 发蜡　　C. 摩丝　　D. 发夹

8. 突发性过敏反应是一种(　　)的过敏反应。
   A. 正常　　B. 常见　　C. 病理　　D. 不常见

9. 鉴定乳液状用品时,将瓶子(　　)摆动,使乳液流动,观看其上、下层是否有不均匀的现象。
   A. 上下　　B. 左右　　C. 倾斜来回　　D. 摇晃

10. 鉴定粉状用品时,看其是否受潮、有无(　　)等现象。
    A. 结块　　B. 斑块　　C. 霉点　　C. 异味

23

11. 对于美发师来说,掌握与( )专业美发用品的质量是尤其重要的。
   A. 认识　　　B. 识别　　　C. 鉴定　　　D. 鉴别

12. 美发师在操作过程中,若接触不卫生的物体或有皮肤病的病人后,所有工具要( )
   A. 接着使用　　B. 立即消毒　　C. 两客一换　　D. 一起使用

二、判断题

1. 无风型吹风机吹风造型速度比有风型吹风机吹风造型速度更快。　　　(　)
2. 选择剪刀的长短与个人手掌大小有关,与修剪发型的效果没有关系。　(　)
3. 尖尾梳常在分发片、分区、烫发时使用。　　　　　　　　　　　　　(　)
4. 摩丝是泡沫状的带有轻微黏性的造型产品,具有保湿和轻微定型的作用。
   　　　　　　　　　　　　　　　　　　　　　　　　　　　　　　　(　)
5. 剪刀的使用寿命与经常空剪没有关系。　　　　　　　　　　　　　　(　)
6. 毛巾放在100℃沸水中煮1分钟即能达到消毒的要求。　　　　　　　(　)
7. 吹风机转速时快时慢,原因是转子、定子绕组部分短路,应送交专业人员维修。
   　　　　　　　　　　　　　　　　　　　　　　　　　　　　　　　(　)
8. 发胶对头发有滋润保养的作用。　　　　　　　　　　　　　　　　　(　)
9. 发蜡是造型产品,具有保湿和轻微定型的作用。　　　　　　　　　　(　)
10. 发胶一般在吹风后喷于头发表面或头发受损部位。　　　　　　　　(　)

三、综合运用题

编发常用的造型产品有哪些?它们有什么用途?

模块三　头发的束扎造型

学习目标

知识目标

1. 了解马尾的概念和种类。
2. 掌握束扎马尾工具的使用方法。

技能目标

1. 能选用正确束扎马尾的手法。
2. 能独立完成马尾的束扎造型。
3. 能根据不同的束扎造型选择工具及产品。
4. 能执行世界技能大赛美发项目环境要求,清洁工作区域。

素质目标

1. 具有良好的职业道德修养,执行美发师职业规范标准。
2. 具有良好的沟通能力,服务意识强,责任心强。
3. 培养自主探究精神,树立与时俱进思想。

模块三　头发的束扎造型

任务一　顺直高马尾的束扎造型

任务描述

杰克是美发沙龙的造型师。一位顾客来到店里,要求杰克为她设计一款参加啦啦队表演的发型,要简单、时尚、牢固。

任务准备

1. 准备马尾束扎造型所需工具及产品。
2. 准备马尾束扎造型操作步骤图。

相关知识

一、马尾

束扎马尾是指将大部分的头发往后集中,用一根橡皮筋或其他的可以松紧的装饰品,将辫子扎起来竖在半空中。马尾发型因看起来像马的尾巴而得名。束扎马尾发型的通常以女性为主,现在部分男性也会扎马尾。将马尾扎在头部黄金点位置,会显得更加活泼可爱。

图 3-1-1

二、马尾的种类

1. 顺直的马尾

每根发丝垂坠亮直,有光泽度。

图3-1-2

2. 卷曲俏皮的马尾

卷发束扎起来后会更有层次感,线条也更灵动,非常适合头发微卷的女生,显得活泼可爱。

图3-1-3

3.凌乱随意的马尾

居家时,把头发随意一扎,使头发蓬松,具有束状感,能突显邻家女孩的气质。

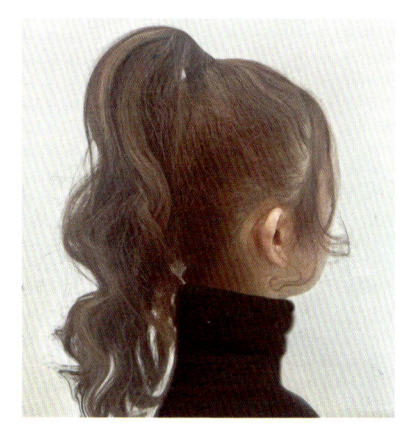

图 3-1-4

三、束扎顺直高马尾的操作步骤

1.用吹风机把发际线周围的头发往上吹,滚梳一般与吹风机结合使用。

图 3-1-5

2.吹风的时候,吹风机口要远离头皮。

图 3-1-6

3.将后部区域的头发同样往上吹。

图3-1-7

4.将头发从四周发际线集中往头顶梳理。

图3-1-8 　　　　　　　　　图3-1-9

5.虎口与头顶呈垂直角度,使所有头发都是紧绷的。

图3-1-10 　　　　　　　　　图3-1-11

模块三　头发的束扎造型

6. 当头发集中在头顶时,用橡皮筋扎紧,插入钢夹。

图 3-1-12 　　　　　　　　　　　图 3-1-13

7. 将钢夹顺时针缠绕,直至橡皮筋紧绷。

图 3-1-14 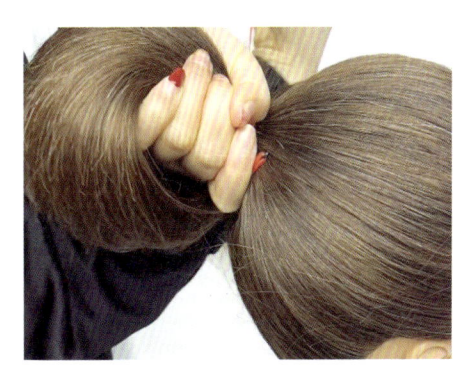　　　　　　　　　　　图 3-1-15

8. 将钢夹穿过橡皮筋再反方向扭转,最后把钢夹插入头发中。

图 3-1-16 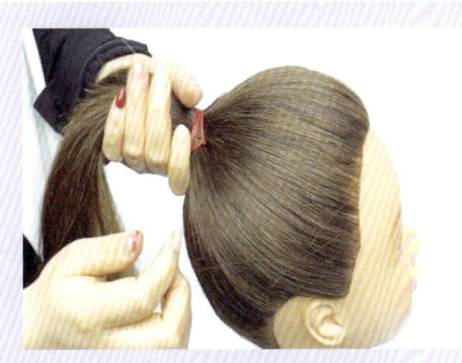　　　　　　　　　　　图 3-1-17

9.完成效果。

图 3-1-18

任务实施

1. 小组讨论,掌握马尾的概念和种类。

2. 小组合作,准备束扎顺直高马尾所需的工具及产品。

3. 按照操作步骤,束扎顺直高马尾。

4. 整理工具及产品。

任务评价

任务评价卡

	评价内容	分数	自评	他评	教师点评
1	能正确准备束扎顺直高马尾的工具及产品	10			
2	能正确使用顺直高马尾束扎手法	10			
3	能按照标准完成顺直高马尾束扎造型	10			
	综合评价				

任务二　卷曲低马尾的束扎造型

任务描述

小明是美发沙龙的造型师。一位顾客来到店里提出需求,要求小明为她设计一款时尚、俏皮的马尾发型。

任务准备

1.准备卷曲低马尾束扎造型所需的工具及产品。
2.准备卷曲低马尾束扎造型操作步骤图。

相关知识

一、卷曲低马尾

卷曲低马尾发型,发梢随意卷曲,尽显卷发的灵动。卷发发型是无数女生追捧的发型。卷曲低马尾发型的最大亮点在于:将卷发束扎起来后形成层次感,在卷曲的浪漫中加入干练元素,显得青春、活泼、靓丽,展现出与众不同的质感。

二、卷曲低马尾束扎造型所需的产品、工具

卷曲低马尾束扎造型所需的工具及产品为:尖尾梳、滚梳、吹风机、橡皮筋、钢夹、无痕夹、电卷发棒、发夹、发油、发蜡。

图 3-2-1　　　　　　　　　　　图 3-2-2

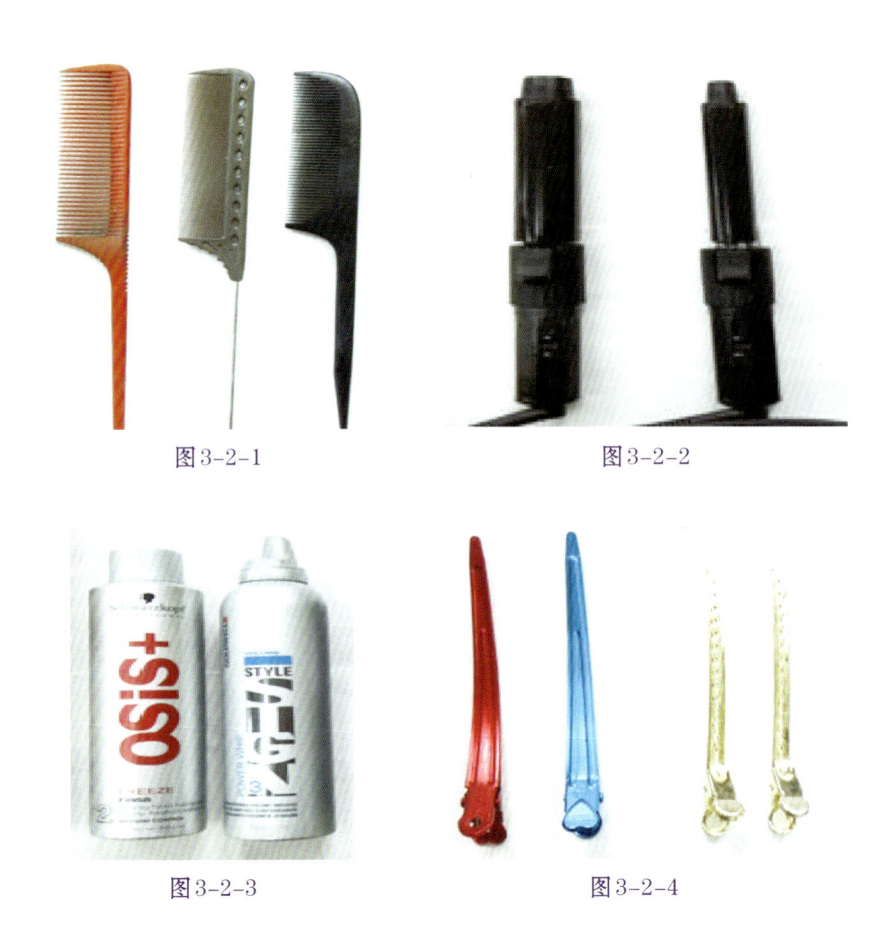

图 3-2-3　　　　　　　　　　　图 3-2-4

三、卷曲低马尾束扎发型的操作步骤

1.用吹风机把发际线周围的头发往上吹,滚梳一般与吹风机结合使用。

图 3-2-5

2.吹风的时候,吹风机口要远离头皮。

图3-2-6

3.将后部区域的头发同样往上吹。

图3-2-7

4.将头发从四周发际线处集中往后部梳理,并扎好头发。

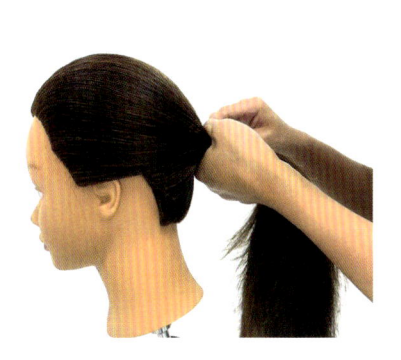

图3-2-8 　　　　　　　　　图3-2-9

5. 扎好马尾后,在表面喷适量的发油进行梳理,让头发更有光泽度。

图 3-2-10 　　　　　　　　图 3-2-11

6. 把电卷发棒预热,然后在发尾分出一小片头发进行夹卷。

图 3-2-12

7. 发片梳理完成后,用预热好的电卷发棒在发尾卷出纹理。
8. 完成效果。

图 3-2-13 　　　　　　　　图 3-2-14

任务实施

1. 小组讨论,掌握卷曲低马尾的概念。
2. 小组合作,准备束扎卷曲低马尾所需的工具及产品。
3. 按照操作步骤,组员独立完成卷曲低马尾造型。
4. 按照世界技能大赛美发项目环境要求,整理工位。

任务评价

任务评价卡

	评价内容	分数	自评	他评	教师点评
1	能正确准备束扎卷曲低马尾的工具及产品	10			
2	能正确使用卷曲低马尾束扎手法	10			
3	能按照标准完成卷曲低马尾束扎造型	10			
	综合评价				

模块习题

一、单项选择题

1. 直发的高马尾,体现(　　)风格。
   A. 清爽　　　　B. 浪漫　　　　C. 俏皮

2. 卷发的高马尾,体现(　　)风格。
   A. 清爽　　　　B. 浪漫　　　　C. 俏皮

3. 做发型时,刘海应自然垂放在前额,头发与前额的两侧略微蓬松,使脸形看起来接近椭圆形的方法适合(　　)。
   A. 圆脸　　　　B. 方脸　　　　C. 长脸　　　　D. 三角脸

4. 长脸形的刘海适宜(　　)。
   A. 边分　　　　B. 下垂　　　　C. 中分　　　　D. 弧形

5. 菱形脸一般将(　　)的头发拉宽,下部的头发逐步紧缩。
   A. 侧部　　　　B. 顶部　　　　C. 后部　　　　D. 上部

二、判断题

1. 扎马尾时前,用吹风机配合滚梳,随着头发分区的方向,吹出服帖的流向,让马尾扎得干净、紧实。　　　　(　　)

2. 橡皮筋只能用于固定扎发位置,将松散的头发集中、捆绑到一起。　　(　　)

3. 发型设计也要考虑消费要求等因素,要把实用、美观、经济三者结合起来。
   　　　　(　　)

4. 彩色喷胶、彩色摩丝等化学用品,对头发能起到画龙点睛的烘托作用,可用于任何发型。　　　　(　　)

5. 顾客虽然来自四面八方,受各自所处环境、地区氛围的影响,但他们的审美情趣基本相同。　　　　(　　)

6. 低马尾比高马尾更显年龄感。　　　　(　　)

7.卷曲的高马尾使人显得俏皮可爱。（ ）

8.扎马尾前不需要涂抹造型产品和吹发。（ ）

9.马尾发型功能较多，除了可以做生活中简易的变化，还可以为新娘发型、晚宴发型做基础的固定作用。（ ）

10.扎马尾时，用橡皮筋加钢夹缠绕的方式，更为紧实。（ ）

三、综合运用题

束扎马尾的基础流程有哪些？

模块四　头发的编织造型

学习目标

知识目标

1. 了解辫子的分类。
2. 了解二股辫、三股辫、五股辫、网辫、扭绳辫、鱼骨辫、蝴蝶辫、丝带辫、铜钱辫的概念和特点。

技能目标

1. 能正确掌握二股辫、三股辫、五股辫、网辫、扭绳辫、鱼骨辫、蝴蝶辫、丝带辫、铜钱辫的编织技巧。
2. 能根据不同的辫子类型正确选择和使用工具及产品。
3. 能独立为顾客设计编发发型。
4. 能自主运用网络查询最新时尚讯息。

素质目标

1. 具有良好的职业道德修养,执行美发师职业规范标准。
2. 具有良好的沟通能力,服务意识强,责任心强。
3. 培养自主探究精神,树立与时俱进思想。

任务一　二股辫的编织造型

任务描述

小美是美发沙龙的造型师。一位顾客带着小孩来到店里，要求小美为她的女儿设计一款甜美的编发造型，要求简单、牢固。

任务准备

1. 准备二股辫造型所需的工具及产品。
2. 准备二股辫造型操作步骤图。

相关知识

一、二股辫

二股辫是除了马尾之外，最常用的女性发型之一，源自西欧童话故事中公主的形象。二股辫发型基本上是在中长发上去操作的，部分头发向后收束或绑辫，其余部分自然放下，是半披式发型。

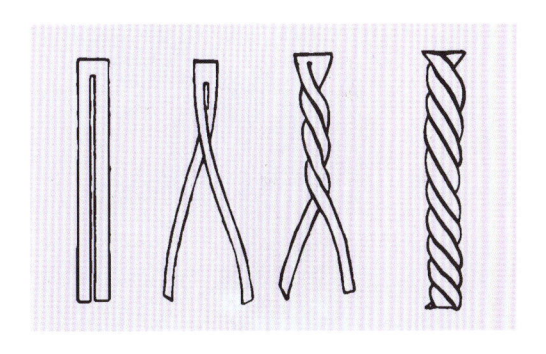

图 4-1-1

二、二股辫发型的操作步骤

1. 首先分出两股发束,将第一股缠绕在第二股上。

图 4-1-2

2. 依次将两股头发缠绕,发根位置拉蓬松。注意每一束头发的粗细要均等。

图 4-1-3 　　　　　　图 4-1-4

3. 用手轻轻地拉出每一束头发的纹理。另一侧用相同方式编织。

图 4-1-5 　　　　　　图 4-1-6

4.将辫子拉到后部用橡皮筋固定起来。

图 4-1-7

5.戴上饰品,完成造型。

图 4-1-8

任务实施

1.小组讨论,掌握二股辫的概念。

2.小组合作,准备二股辫造型所需的工具及产品。

3.按照操作步骤,组员独立完成二股辫发型的造型。

4. 按照世界技能大赛美发项目环境要求,整理工位。

任务评价

任务评价卡

	评价内容	分数	自评	他评	教师点评
1	能正确准备编织二股辫的工具及产品	10			
2	能正确使用二股辫编织手法	10			
3	能按照标准完成二股辫发型造型	10			
	综合评价				

任务二　三股辫的编织造型

任务描述

小美是美发沙龙的造型师。一位年轻顾客来到店里提出需求,要求小美为她设计一款甜美的麻花辫造型,要求简单,体现青春靓丽。

任务准备

1. 准备三股辫造型所需的工具及产品。
2. 准备三股辫造型操作步骤图。

相关知识

一、三股辫

三股辫也称为"麻花辫",即把头发分成三束,交叉扎起来像麻花一样的辫子,分为中式、韩式、法式等类型。麻花辫是一种常见的、不易过时的发型,会给人一种纯真的感觉。

图 4-2-1

二、三股辫发型的操作步骤

1. 首先分取三束头发，重复交叉，划分线需清晰。

图 4-2-2 　　　　　　　　　图 4-2-3

2. 每一束发片的宽度要一致，在编织的时候把头发拉紧。

图 4-2-4 　　　　　　　　　图 4-2-5

3. 将发束左右交叉。

图 4-2-6 　　　　　　　　　图 4-2-7

模块四　头发的编织造型

4.每一束发片厚薄要均匀。

图 4-2-8 　　　　　　　　　图 4-2-9

5.使用同样手法编织头发,直至发尾。

图 4-2-10 　　　　　　　　　图 4-2-11

图 4-2-12 　　　　　　　　　图 4-2-13

6.将辫子用橡皮筋固定起来。

图 4-2-14 　　　　　　　图 4-2-15

7.另一侧的编织方法相同。

图 4-2-16

8.完成效果。

图 4-2-17 　　　　　　　图 4-2-18

任务实施

1. 小组讨论,掌握三股辫的概念。
2. 小组合作,准备编织三股辫所需的工具及产品。
3. 按照操作步骤,组员独立完成三股辫发型的造型。
4. 按照世界技能大赛美发项目环境要求,整理工位。

任务评价

任务评价卡

	评价内容	分数	自评	他评	教师点评
1	能正确准备编织三股辫的工具及产品	10			
2	能正确使用三股辫编织手法	10			
3	能按照标准完成三股辫发型造型	10			
综合评价					

任务三　五股辫的编织造型

任务描述

小花去拍复古写真,她想要一款带有辫子的发型,发型师艾伦设计了一款五股辫复古发型。

任务准备

1. 准备五股辫造型所需的工具及产品。
2. 准备五股辫造型操作步骤图。

相关知识

一、五股辫

五股辫是将头发分成五束,编织在一起。五股辫常用于盘发造型局部,会给人一种复古、质朴的感觉。

图 4-3-1

二、五股辫发型的操作步骤

1. 分出刘海区，用提前准备好的橡皮筋固定后面马尾，做好后部盘发。

图 4-3-2 　　　　　图 4-3-3

2. 将刘海分成五束。

图 4-3-4 　　　　　图 4-3-5

3. 先将中间三束头发编成三股辫。

图 4-3-6 　　　　　图 4-3-7

4.将两侧发束往里加。

图 4-3-8 　　　　　　　图 4-3-9

5.依次往下,继续将中间三束头发编成三股辫,两侧发束陆续加进来。

图 4-3-10 　　　　　　　图 4-3-11

图 4-3-12 　　　　　　　图 4-3-13

模块四　头发的编织造型

6.依次编至发尾。

图 4-3-14

7.用橡皮筋固定。

图 4-3-15 　　　　图 4-3-16

8.完成效果。

图 4-3-17

任务实施

1. 小组讨论,掌握五股辫的概念。
2. 小组合作,准备编织五股辫所需的工具及产品。
3. 按照操作步骤,组员独立完成五股辫发型的造型。
4. 按照世界技能大赛美发项目环境要求,整理工位。

任务评价

任务评价卡

	评价内容	分数	自评	他评	教师点评
1	能正确准备编织五股辫的工具及产品	10			
2	能正确使用五股辫编织手法	10			
3	能按照标准完成五股辫发型造型	10			
	综合评价				

任务四　网辫的编织造型

任务描述

小红参加学校的时装表演,要求设计表现夸张艺术的发型。发型师小明接到此任务,需为小红设计一款适合的发型。

任务准备

1. 准备网辫造型所需工具及产品。
2. 准备网辫造型操作步骤图。

相关知识

一、网辫

网辫,在前面多股辫的基础上继续增加发束,表现形式多样化,其中复古千股辫、个性帽檐辫等充满复古与个性。

图 4-4-1

二、网辫发型的操作步骤

1. 将发片分成八股，用最边上的一股头发上下来回穿插。

图 4-4-2 　　　　　　　　　　图 4-4-3

2. 当第一股发片穿插完以后，用相同方式对第二股头发进行穿插（方向相反，先下后上）。

图 4-4-4 　　　　　　　　　　图 4-4-5

3. 左侧头发编织完成后，再由右侧开始，把头发往左侧穿回。

图 4-4-6 　　　　　　　　　　图 4-4-7

4.编织完成后,把左侧边上的头发均匀地拉出空洞,往里卷,完成造型。

图 4-4-8　　　　　　　图 4-4-9

5.完成效果。

图 4-4-10

任务实施

1.小组讨论,掌握网辫的概念。
2.小组合作,准备网辫造型所需的工具及产品。
3.按照操作步骤,组员独立完成网辫发型的造型。
4.按照世界技能大赛美发项目环境要求,整理工位。

任务评价

任务评价卡

	评价内容	分数	自评	他评	教师点评
1	能正确准备编织网辫的工具及产品	10			
2	能正确使用网辫编织手法	10			
3	能按照标准完成网辫发型造型	10			
综合评价					

任务五　扭绳辫的编织造型

任务描述

小红受邀参加闺蜜的婚礼,担任伴娘。婚礼即将到来,小红要求造型师托尼为她设计一款简单大方的发型。

任务准备

1. 准备扭绳辫造型所需的工具及产品。
2. 准备扭绳辫造型操作步骤图。

相关知识

一、扭绳辫

扭绳辫是将一股、两股或者更多股头发,用扭转的方式形成的编发。

二、扭绳辫发型的操作步骤

1. 用中号电卷发棒将头发做成微卷造型。

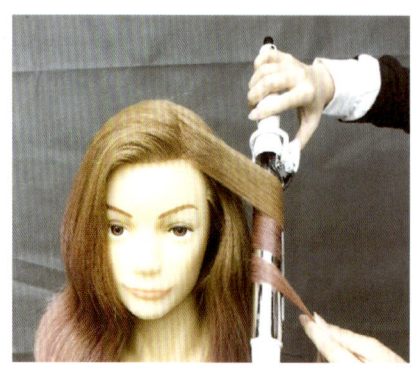

图 4-5-1 　　　　　　　　图 4-5-2

2. 从左侧的发际线处,分出两小束的头发,将第一股放在第二股上面。

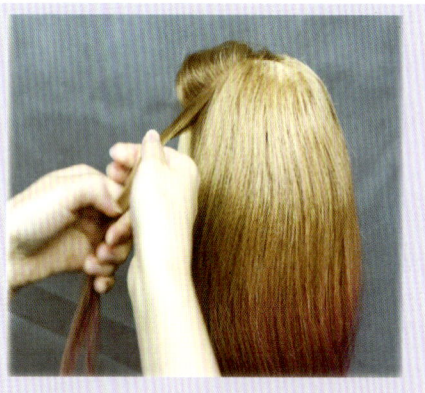

图 4-5-3 　　　　　　　　图 4-5-4

3. 依次将前面的一股头发往上扭,同时用小拇指分取发际线处的头发,将其加入扭转的发束。

图 4-5-5 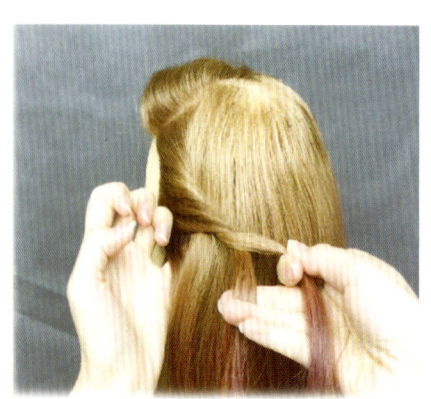　　　　　　　　图 4-5-6

模块四 头发的编织造型

4.扭加到耳后时就可以不用加发束进来，直接用两股扭转下去。

图 4-5-7 　　　　　　　　　图 4-5-8

5.扭至一定长度后，可以将该发束拉到后脑勺中间位置，用夹子固定。

图 4-5-9

6.右侧相同，从刘海处依次分出发束扭转，刘海区的头发可以往外扯蓬松一些。

图 4-5-10 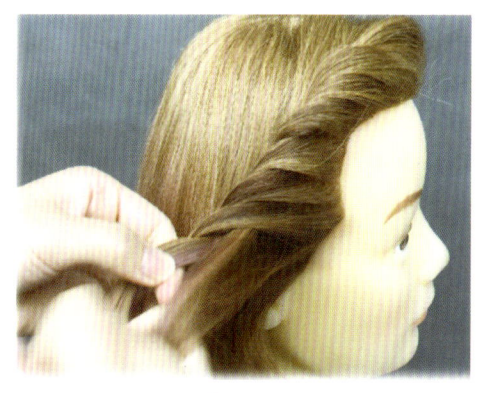　　　　　　　　　图 4-5-11

7.将右侧头发也扭至后脑勺中间,和左侧头发放在一起。

图 4-5-12 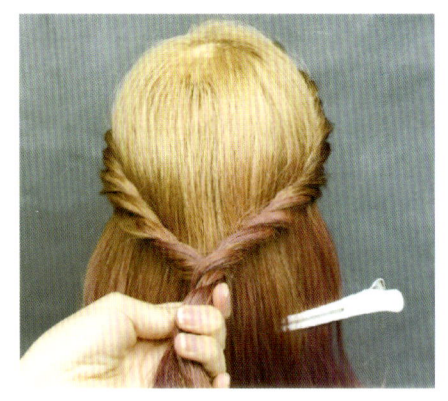　　　　　　　　图 4-5-13

8.用橡皮筋固定在一起,可将固定处撕得蓬松一些。

图 4-5-14 　　　　　　　　图 4-5-15

9.喷少许发胶定型。　　　10.完成效果

图 4-5-16　　　　　　　　图 4-5-17

64

任务实施

1. 小组讨论,掌握扭绳辫的概念。
2. 小组合作,准备扭绳辫造型所需的工具及产品。
3. 按照操作步骤,组员独立完成扭绳辫发型的造型。
4. 按照世界技能大赛美发项目环境要求,整理工位。

任务评价

任务评价卡

	评价内容	分数	自评	他评	教师点评
1	能正确准备编织扭绳辫的工具及产品	10			
2	能正确使用扭绳辫编织手法	10			
3	能按照标准完成扭绳辫发型造型	10			
综合评价					

任务六　鱼骨辫的编织造型

任务描述

小红要参加一场波希米亚风格的服装发布会,希望做一款自然的鱼骨辫造型。发型师迈克接到此任务,需为小红设计一款鱼骨辫发型。

任务准备

1.准备鱼骨辫造型所需的工具及产品。
2.准备鱼骨辫造型操作步骤图。

相关知识

一、鱼骨辫

鱼骨辫因最终效果非常像鱼的骨头而得名。鱼骨辫发型是年轻的女性朋友非常喜欢的一款发型,是最近几年流行起来的。利用鱼骨的纹理,能够让发型看上去发量丰盈,质感十足。此外将鱼骨辫与盘发两者相结合,可以造出更多优雅的发型。

模块四 头发的编织造型

二、鱼骨辫发型的操作步骤

1. 从三股辫开始,把两侧头发往里加,每次取一小份。

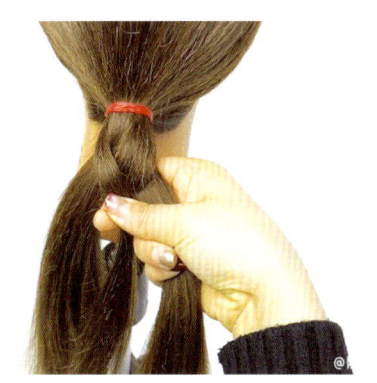

图 4-6-1 　　　　　　　图 4-6-2

2. 交叉时,双手不停扭转。

图 4-6-3 　　　　　　　图 4-6-4

3. 把头发用力拉紧。

图 4-6-5 　　　　　　　图 4-6-6

4.利用同样的方法编至发尾。

图 4-6-7

图 4-6-8

图 4-6-9

图 4-6-10

5.完成效果。

图 4-6-11

任务实施

1. 小组讨论,掌握鱼骨辫的概念。
2. 小组合作,准备鱼骨辫造型所需的工具及产品。
3. 按照操作步骤,组员独立完成鱼骨辫发型的造型。
4. 按照世界技能大赛美发项目环境要求,整理工位。

任务评价

任务评价卡

	评价内容	分数	自评	他评	教师点评
1	能正确准备鱼骨辫造型的工具及产品	10			
2	能正确使用鱼骨辫编织手法	10			
3	能按照标准完成鱼骨辫发型造型	10			
综合评价					

任务七 蝴蝶辫的编织造型

任务描述

小美要跟朋友去田园游玩,发型师阿泽为她设计了一款富有浪漫气息的蝴蝶辫造型,精致可爱。

任务准备

1. 准备蝴蝶辫造型所需的工具及产品。
2. 准备蝴蝶辫造型操作步骤图。

相关知识

一、蝴蝶辫

蝴蝶辫具有可爱甜美、春意盎然的感觉,搭配浪漫小卷在脸部周围能恰好地修饰脸形,彰显精致可爱的公主范,让发型也看上去丰盈、饱满。

图 4-7-1

二、蝴蝶辫发型的操作步骤

1. 把头发分出三股，从三股辫开始，从底区取一小束头发融入发丝中。

图 4-7-2 　　　　　　图 4-7-3

2. 用左手大拇指压住中间头发，用食指拉回，形成一个8字形。

图 4-7-4 　　　　　　图 4-7-5

3. 用大拇指固定住中间头发，然后用夹子固定。

图 4-7-6 　　　　　　图 4-7-7

4.用表面头发压住蝴蝶辫中心位置,与底区头发交叉,利用夹子固定,重复此动作。

图 4-7-8　　　　　　　　图 4-7-9

5.完成效果。

图 4-7-10

任务实施

1.小组讨论,掌握蝴蝶辫的概念。
2.小组合作,准备蝴蝶辫造型所需的工具及产品。
3.按照操作步骤,组员独立完成蝴蝶辫发型的造型。
4.按照世界技能大赛美发项目环境要求,整理工位。

任务评价

任务评价卡

	评价内容	分数	自评	他评	教师点评
1	能正确准备蝴蝶辫造型的工具及产品	10			
2	能正确使用蝴蝶辫编织手法	10			
3	能按照标准完成蝴蝶辫发型造型	10			
	综合评价				

任务八　丝带辫的编织造型

任务描述

炎热的夏季,小美来到美发沙龙,想为自己的头发做一款编发,但又担心头发没有颜色,会显老气。发型师迈克接到此任务,需为她设计一款时尚又活跃的编发。

任务准备

1. 准备丝带辫造型所需的工具及产品。
2. 准备丝带辫造型操作步骤图。

相关知识

一、丝带辫

丝带辫,是将不同颜色的丝带融入辫子之中,不仅让发型看起来十分精致,而且还很有层次感。

发型配上淡蓝色的丝带,看起来更为清纯,简洁大方;辫子与紫色的丝带搭配,则优雅、神秘、温柔。

图 4-8-1 　　　　　　图 4-8-2

二、丝带辫发型的操作步骤

1. 把头发分出两股,把丝带缠在其中一股头发上,用丝带代替第三股头发。

图 4-8-3 　　　　　　图 4-8-4

2. 使用三股辫的编织方式,不断续编。

图 4-8-5 　　　　　　图 4-8-6

3. 尽量把丝带放在头发上，续编至耳后。

图 4-8-7 　　　　　　　　　　　图 4-8-8

4. 用丝带把编好的头发打一个单结。右边重复以上操作。

图 4-8-9 　　　　　　　　　　　图 4-8-10

5. 最后使用瀑布辫的方式连接两条辫子，把丝带编成蝴蝶结样式。　　6. 完成效果。

图 4-8-11 　　　　　　图 4-8-12 　　　　　　图 4-8-13

任务实施

1. 小组讨论,掌握丝带辫的概念。
2. 小组合作上网查询丝带辫造型所需的工具及产品,正确准备产品及工具。
3. 按照操作步骤,组员独立完成丝带辫发型的造型。
4. 按照世界技能大赛美发项目环境要求,整理工位。

任务评价

任务评价卡

	评价内容	分数	自评	他评	教师点评
1	能正确准备丝带辫造型的工具及产品	10			
2	能正确使用丝带辫编织手法	10			
3	能按照标准完成丝带辫发型造型	10			
	综合评价				

任务九　铜钱辫的编织造型

任务描述

莉丽参加学校历史文化展示比赛,需统一发型。铜钱辫是首选发型。发型师迈克接到此任务,需为莉丽完成此款发型。

任务准备

1. 准备铜钱辫造型所需的工具及产品。
2. 准备铜钱辫造型操作步骤图。

相关知识

一、铜钱辫

古人认为圆为天之形、方为地之态。圆象征着平等、包容、和谐。铜钱辫的外形与铜钱相似。

图 4-9-1

二、铜钱辫发型的操作步骤

1. 先将头发平均分成四股,从上到下为1、2、3、4。将2、3交叉,用2压3。

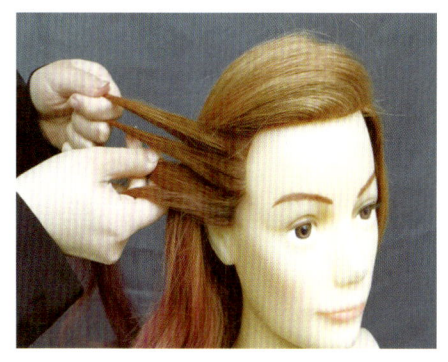

图4-9-2 　　　　　　　图4-9-3

2. 将2与4交叉,用4压2,4从3下面穿过去,再压1。

图4-9-4 　　　　　　　图4-9-5

3. 用1压3,再用2压1。后面按此方法重复,注意中间的3为中心,不可移动,1、2、4的编发类似于三股辫。

图4-9-6 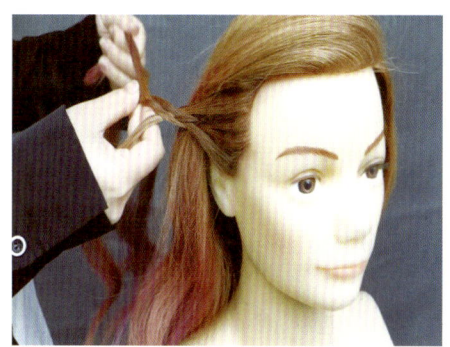　　　　　　　图4-9-7

4. 后面同前面所说的规律一致，注意3一直保持直线，不可变化位置。

图 4-9-8 　　　　　　　　　图 4-9-9

5. 一直编至发尾，然后抓住3。

图 4-9-10 　　　　　　　　图 4-9-11

6. 推至发根处即可。

图 4-9-12 　　　　　　　　图 4-9-13

模块四　头发的编织造型

7.确定摆放位置。

图 4-9-14 　　　　　　　　　图 4-9-15

8.完成效果。

图 4-9-16 　　　　　　　　　图 4-9-17

任务实施

1.小组讨论,掌握铜钱辫的概念。

2.小组合作,正确准备铜钱辫造型所需的产品及工具。

3.按照操作步骤,组员独立完成铜钱辫发型的造型。

4.按照世界技能大赛美发项目环境要求,整理工位。

生活发式的**编织**造型

任务评价

任务评价卡

	评价内容	分数	自评	他评	教师点评
1	能正确准备铜钱辫造型的工具及产品	10			
2	能正确使用铜钱辫编织手法	10			
3	能按照标准完成铜钱辫发型造型	10			
	综合评价				

模块习题

一、单项选择题

1. 图形或物体对于某个点、直线或平面而言,在大小、形状和排列上具有平稳与对应关系叫( )。
   A. 对称　　B. 均衡　　C. 和谐　　D. 不对称

2. ( )是指在假设的中心线或中心点的左右、上下、周围配置同形、同量、同色纹而组成图案。
   A. 对称　　B. 绝对对称　　C. 相对对称　　D. 逆对称

3. ( )是指物体重要的平衡关系,能使人有平衡、稳重的感觉。
   A. 平衡　　B. 和谐　　C. 对称　　D. 均衡

4. 如果在对称轴的两边形成量同、形不同或色不同的图案,称为( )。
   A. 对称　　B. 不对称　　C. 绝对对称　　D. 相对对称

5. 编发设计和制作要符合环境场合的氛围,如( )发型是为婚礼仪式设计制作的发型。
   A. 喜庆　　B. 婚纱　　C. 宴请　　D. 晚装

6. 线是点的移动,是发型构成的关键要素,线条可以分为两大类:直线和( )。
   A. S线　　B. 波浪线　　C. 曲线　　D. 锯齿

二、判断题

1. 三股辫也称为"麻花辫"。　　　　　　　　　　　　　　　　( )
2. 用五股辫的方式,不能辫出网辫的效果。　　　　　　　　　( )
3. 鱼骨辫的最终效果非常像鱼的骨头,因而叫作鱼骨辫。　　　( )
4. 网辫表现形式多样化,复古千股辫、个性帽檐辫等可以运用网辫的技巧完成。
   　　　　　　　　　　　　　　　　　　　　　　　　　　　( )
5. 了解顾客的头型就能准确地为顾客设计相应的发型效果。　　( )

6.枕骨凹头型的特点是枕骨处扁平或略有凹陷,枕骨处没有凸起呈圆形。(　　)

7.发型设计就是利用头发克服头型、脸形的各种缺陷。　　　　　(　　)

三、综合运用题

发辫的分类和编织技法有哪些?(至少列举8种技法)